Holger Rekow

Einführung in das Data Mining

GRIN Verlag

Bibliografische Information der Deutschen Nationalbibliothek:

Die Deutsche Bibliothek verzeichnet diese Publikation in der Deutschen Nationalbibliografie; detaillierte bibliografische Daten sind im Internet über http://dnb.d-nb.de/ abrufbar.

Impressum:

Druck und Bindung: Books on Demand GmbH, Norderstedt Germany
ISBN: 978-3-656-39582-9

Dieses Buch bei GRIN:

http://www.grin.com/de/e-book/211736/einfuehrung-in-das-data-mining

Data Mining

Dr. Holger Rekow

Inhaltsverzeichnis

1. Data Mining

Ein immer größeres Datenaufkommen in heutigen Unternehmen führt nicht selten zu einem in der Literatur oft als „Information Overload“ bezeichneten Phänomen.
Experten schätzen, dass sich die Informationsmenge auf dieser Welt alle 20 Monate verdoppelt. Mit den bisher verwendeten Verfahren der klassischen Statistik ist diese Fülle an Daten aber nicht mehr unter Kontrolle zu bringen.
Wissen ist Macht und Zeit ist Geld. Diese beiden bekannten Erkenntnisse sind als ein Hauptantrieb für die Forschung nach einem System zu sehen, dass es eben schafft diese Datenvolumina zu beherrschen.

Geforscht wurde nach einer Anwendung, die es ermöglicht die Daten zu strukturieren, zu sortieren und aufzubereiten um sie für das Unternehmen nutzbar zu machen.
Nur wenn es gelingt aus einer riesigen Datenmenge schnell zuverlässige Informationen zu gewinnen, die die Grundlage für jede operative und strategische Entscheidung sind, kann das Unternehmen im heutigen Geschäft bestehen.

Der angestrebte Idealfall wäre ein vollkommen autonom arbeitendes System das jegliche gewünschte Information auf Knopfdruck bereitstellt.
Eine revolutionäre Entwicklung auf diesem Gebiet stellt das Verfahren des Data- Mining dar, das sich in den letzten Jahren etablieren konnte.
Das Data Mining dient der Durchforstung großer Datenmengen um neue Zusammenhänge festzustellen.[1]

[1] vgl. Kemper, A. / Eickler, A.(1997): Datenbanksysteme – eine Einführung, S.468

1.1. Begriffsklärung und Funktionsweise des Data-Mining-Verfahrens

Der äußerst visuelle Begriff des „Data Mining“ hat seinen Ursprung im Bergbau (engl. Mining). Dort werden mit großem technischen und technologischem Aufwand Unmengen von Gesteinen abgebaut und aufbereitet, um wertvolle Edelsteine und Edelmetalle zu selektieren.
Analog zu der Vorgehensweise im Bergbau werden beim Data-Mining-Verfahren riesige Mengen an Daten mit teilweise äußerst anspruchsvollen und automatisierten Methoden nach neuen, gesicherten und für weitere Handlungen relevanten Geschäftserfahrungen durchforstet.[2]

Der Begriff „Data Mining“ - häufig auch als „Knowledge Discovery in Databases“ bezeichnet – wird in der derzeitigen Diskussion zuweilen verwässert.
„Der Begriff Knowledge Discovery Databases (KDD) kann als - der nichttriviale Prozess der Identifikation gültiger, neuer, potentiell nützlicher und verständlicher Muster in Datenbeständen - definiert werden.“[3]

Den Kern bilden eine Vielzahl von Methoden, die verwendet werden, um aus großen Datenbanken die gewünschten Informationen herauszufiltern und aus diesen weitestgehend selbständig Annahmen zu generieren. Eben diese Informationen galten eine lange Zeit als nicht auffindbar oder sie wurden für nicht auswertbar gehalten.

Das Data Mining baut auf die klassische Statistik auf und ergänzt diese um neue Analyseverfahren, die die Möglichkeit bieten trotz des hohen Datenvolumens gesicherte Ergebnisse zu erhalten.
Abhängig von der Fragestellung kommen diese Methoden einzeln oder in beliebiger Kombination zum Einsatz. Hierbei eröffnen sich dem Benutzer unbegrenzte Kombinationsmöglichkeiten der verschiedenen Verfahren.

---

[2] vgl. Hippner, H. / Küsters, U. / Meyer, M. / Wilde, K. (2001): Handbuch Data Mining im Marketing, S.13
[3] vgl. Saake, G. / Heuer, A. (1999): Datenbanken – Implementierungstechniken, S.647

Es gibt eine Reihe von Leistungsmerkmalen, die durch das Data Mining abgedeckt werden.
Zu nennen ist hierbei vor allem die automatisierte Vorhersage von Trends, Verhalten und Mustern durch den Abgleich mit bereits bekannten Verhaltensmustern aus der Vergangenheit, die als überwachtes Lernen bezeichnet wird.
Auch bisher unbekannte Strukturen und Zusammenhänge können so aufgedeckt werden.

Eine Grundvoraussetzung für den erfolgreichen Einsatz des Data-Mining-Verfahrens ist eine hochwertige Datenbasis die Idealerweise durch ein Data Warehouse zur Verfügung gestellt wird

Ein Data Warehouse stellt eine konsolidierte Datenbasis für betriebswirtschaftliche Auswertungen zur Verfügung. Die Haltung dieser Daten erfolgt im Allgemeinen unabhängig von den sonstigen Informationssystemen des Unternehmens und somit redundant.

Des weiteren stellt ein solches System verschiedene Methoden zur Analyse dieser Daten zur Verfügung. Diese Fähigkeit wird auch OLAP-Funktionalität genannt (On-Line Analytical Processing).

Die Anforderungen an ein Data Warehouse bestehen vor allem in der schnellen Bereitstellung von Analysen zur Unterstützung des betriebswirtschaftlichen Entscheidungsprozesses durch vorbereitete Reports.

Data Warehouse Systeme werden aus den unterschiedlichsten operativen IT-Systemen befüllt und fassen diese in spezifischen Datenstrukturen zusammen. Die Befüllung erfolgt meist in vorgegebenen Intervallen.

Das Data Warehouse ist zusammenfassend formuliert eine Datenbank die alle externen und internen Daten und Informationen eines Unternehmens

zusammenführt, die der Unterstützung bei Managemententscheidungen und der Gestaltung einzelner Geschäftsprozesse dienen.[4]

Jedes Mitglied eines Unternehmens soll die Möglichkeit erhalten die eigenen Informationsbedürfnisse jederzeit und gezielt befriedigen zu können.

Die Vorgehensweise beim Data Mining ist als ein Projekt zu sehen, dass sich aus mehreren Stufen zusammensetzt auf die im folgenden eingegangen wird.

2. Der Data Mining Prozess

Die Data Mining Methode vereint eine Vielzahl von domänenübergreifenden Datenanalyseverfahren in sich. Neben der klassischen Statistik und der künstlichen Intelligenz greift sie auch auf das maschinelle Lernen und die Mustererkennung zur Auswertung von großen Datenmengen zurück.

Eine besondere Bedeutung kommt neben dem Einsatz dieser Methoden der Aufbereitung der Daten und der Nachbearbeitung der Ergebnisse zu. Nur so wird verhindert, dass der Prozess des Data Mining keine oder irreführende Informationen zur Verfügung stellt.

---

[4] vgl. Hippner, H. / Küsters, U. / Meyer, M. / Wilde, K. (2001): Handbuch Data Mining im Marketing, S.6

Abb.1: Die Stufen des Data-Mining-Prozesses

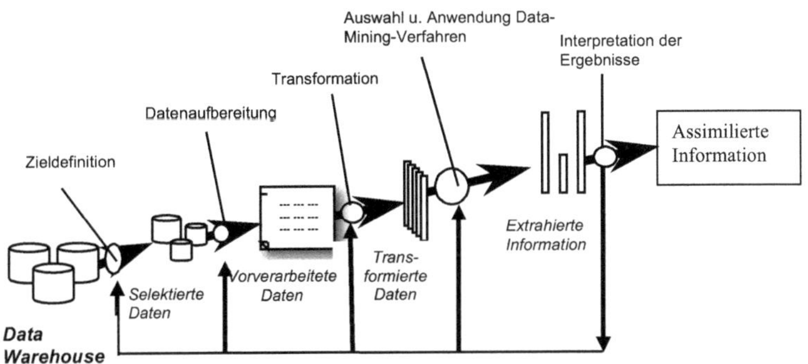

Quelle: in Anlehnung an Link, J./ Brändli, D./ Schleuning, C./ Kehl, R: Handbuch Database Marketing (1997), S. 240

Der Data-Mining-Prozess lässt sich wie in der obigen Abbildung dargestellt in sechs aufeinander aufbauenden Phasen unterteilen, die durch eine intensive Interaktion mit dem Anwender gekennzeichnet sind. Auch die einzelnen Phasen agieren untereinander und führen zu Rückkoppelungsprozessen.[5]

Die einzelnen Phasen sollen nun im Folgenden näher beschrieben werden.

2.1 Die Zieldefinition

Der detaillierten Formulierung des Zieles kommt beim Data Mining eine besondere Bedeutung zu.

---

[5] vgl. Hippner, H. / Küsters, U. / Meyer, M. / Wilde, K. (2001): Handbuch Data Mining im Marketing, S.21

„Will man entdecken, welche Informationen sich hinter den Daten verbergen, so sollte man vorab ein Ziel definieren, das man mit dem Prozess erreichen will: Die Suche nach optimalen Kundensegmenten, die gezieltes Marketing mit überdurchschnittlicher Antwortrate erlauben...)"[6]
In einem ersten Schritt muss das zu bewältigende Problem genauestens analysiert werden. Hierbei ist vor allem festzustellen, ob die Anwendung des Data-Mining-Verfahrens zu einer Verbesserung des Problems führt. Sollte dies gegeben sein, sind des Weiteren die internen und externen Rahmenbedingungen, die Einfluss auf das Ergebnis nehmen können, genauestens zu beschreiben. Zu den externen Faktoren zählen unter anderen Annahmen über das eigene Unternehmen, den Markt, die Kunden und die Konkurrenz. Finanzielle, organisatorische und politische Gründe sind Beispiele für interne Faktoren. Sollte dieser Punkt nicht beachtet werden besteht die Gefahr, dass die gewonnenen Ergebnisse unbrauchbar sind.[7]

2.2 Die Auswahl geeigneter Datenbestände

In dieser Phase des Data-Mining-Prozesses wird über die zu verwendenden Daten entschieden. Liegen die Daten aus einem Data Warehouse vor, so können diese im Prinzip direkt übernommen werden. Bei der erstmaligen Abwicklung eines Data-Mining-Prozesses ist allerdings zu beachten, dass eventuell nicht alle Daten im Data Warehouse vorhanden sind. Gründe dafür sind in den meisten Fällen die Kosten für die Bereitstellung dieser Daten, die ins Verhältnis zu ihrem Nutzen gesetzt werden.
Die Kunst dieser Phase besteht darin, genau die Daten auszuwählen, die im Hinblick auf die Zielsetzung sinnvoll sind.

---

[6] vgl. Link, J. / Brändli, D. / Schleuning, C. / Kehl, R. (1999): Handbuch Database Marketing, S.239

[7] vgl. Hippner, H. / Küsters, U. / Meyer, M. / Wilde, K. (2001): Handbuch Data Mining im Marketing, S.22 u. 23

In diesem Zusammenhang ist auch die Datenqualität zu erwähnen. Diese lässt sich anhand folgender Kriterien sehr gut beurteilen. Neben der Vollständigkeit der relevanten Merkmale, Datenvollständigkeit, Art und Häufigkeit von Datenfehlern, dem verfügbaren Zeithorizont der Daten sind auch die sachliche und die zeitliche Granularität der Daten entscheidend.[8] Sollte dabei nicht auf Erfahrungswerte zurückgegriffen werden können, kommen zur Ermittlung dieser Qualitätskriterien explorative Datenanalyse-Verfahren zum Einsatz. Ein Werkzeug das hier zum Einsatz kommt sind die bereits erwähnten OLAP-Verfahren. Dabei werden die relevanten Daten für die Analyse aufbereitet und sofort graphisch umgesetzt. Auf dieses System soll aber aufgrund des Umfangs der Arbeit nicht näher eingegangen werden.

2.3 Datenaufbereitung und Transformation

Diese Stufe des Data-Mining-Prozesses ist erfahrungsgemäß die zeitaufwendigste Phase. Stammen die Daten aus einem Data Warehouse, kann man annehmen, dass sie sowohl aktuell sind und sie sich in einem einwandfreien Pflegezustand befinden.

Trotzdem müssen die Daten im Hinblick auf die Zielsetzung noch aufbereitet werden.

Die Datenaufbereitung korreliert auch stark mit der gewählten Data-Mining-Methode die zur Anwendung kommen soll.

Eine Ausrichtung der Daten auf das gewählte Verfahren ist somit unerlässlich.

Sollte kein Data Warehouse zur Datenbeschaffung zur Verfügung stehen, fällt in dieser Phase noch eine weitere Aufgabe an, die in der Literatur unter dem Begriff des „Data Cleaning“ auftaucht. Auf dieses Verfahren

[8] vgl. Hippner, H. / Küsters, U. / Meyer, M. / Wilde, K. (2001): Handbuch Data Mining im Marketing, S.24 u. 25

wird jedoch in unserer Arbeit nicht weiter eingegangen, da wir annehmen, dass alle verwendeten Daten aus einem Data Warehouse stammen. Empfehlenswert ist es anfänglich erstmal eine Stichprobe des ausgewählten Datenbestandes zu untersuchen. Somit kann das gewählte Data-Mining-Verfahren einem Test unterzogen werden, was i.d.R. zu einer Einsparung von Kosten und Zeit verhilft.

Unabhängig davon ob die Daten aus dem Data Warehouse oder aus sonst einem Informationssystem stammen, sind die Daten oft komplex strukturiert und tauchen in der Form von vielen einzelnen Tabellen auf. „Data-Mining-Methoden erfordern dagegen als Standarddatenformat eine Datentabelle, deren Zeilen die Datensätze und deren Spalten die Merkmale dieser Datensätze repräsentieren.“[9]

Zusammenfassend lässt sich festhalten, dass sowohl der Datentyp umgewandelt oder verändert werden kann, als auch einzelne Attribute neu definiert werden können. Sowohl mathematische als auch logische Operatoren können auf eines oder mehrere Datenbank-Attribute angewandt werden, um neue Attribute zu generieren.

2.4 Die Data-Mining-Methoden

Die so erhaltenen Daten werden nun Bestandteil des eigentlichen Data-Mining-Verfahrens.
Es besteht nun die Möglichkeit sich auf die Anwendung einer Data-Mining-Technik zu beschränken oder mehrere Disziplinen miteinander zu kombinieren.

[9] vgl. Hippner, H. / Küsters, U. / Meyer, M. / Wilde, K. (2001): Handbuch Data Mining im Marketing, S.38

Grundsätzlich lassen sich die einzelnen Verfahren in drei methodische Bereiche einteilen.

- das maschinelle Lernen
- das induktive überwachte Lernen
- das unüberwachte Lernen.

„Das Methodenspektrum des induktiven maschinellen Lernens entspricht in methodischer Hinsicht den im ersten Abschnitt formulierten Anforderungen, automatisch Trends und Verhaltensmuster vorherzusagen und bisher unbekannte Strukturen aufzudecken.[10]

Abb. 2: Einbettung des Data Mining im maschinellen Lernen

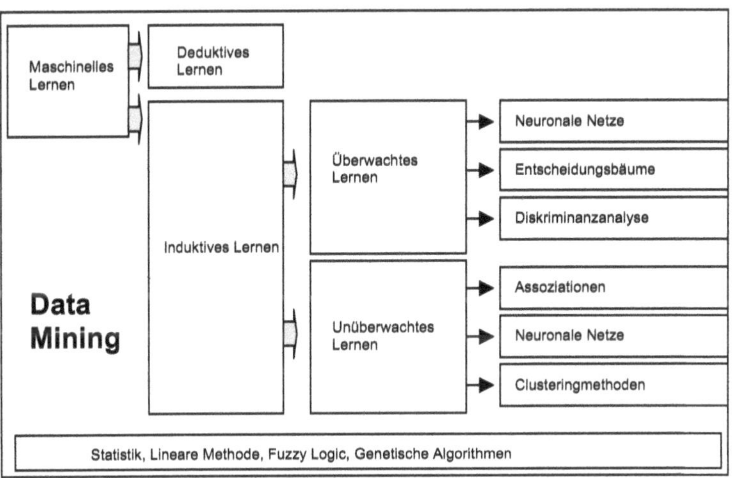

Quelle: In Anlehnung an Krahl, D. / Windheuser, U. / Friedrich, K.-F. (1998): Data Mining, S.61

Im Folgenden werden nun zwei Verfahren des Data Mining etwas näher erklärt, die sich in den letzten Jahren immer weiter durchsetzen konnten.

---

[10] vgl. Krahl, D. / Windheuser, U. / Zick, F.-K. (1998): Data Mining, S.59

3. Neuronale Netze

„The practical application of neural networks has been described in the industry as being a bit like teenagers and sex. Everybody is talking about it, but hardly anyone is actuallydoing it.[11]

„Neuronale Netze, insbesondere Feed-Forward-Netze, finden in der betriebswirtschaftlichen Anwendung immer häufiger Einsatz. Wesentliches Merkmal eines künstlichen neuronalen Netzes ist seine hohe Adaptionsfähigkeit, die es gestattet, auch hochkomplexe nicht-lineare Zusammenhänge für prognostische oder klassifikatorische Zwecke nachzuvollziehen."[12]
Die Methode der Feed-Forward-Netze wird weiter unten kurz beschrieben.

Ein neuronales Netz besteht aus drei Bausteinen. Einem Neuron, einer Topologie und einer Lernregel.
Im biologischen Sinne ist ein Neuron eine einzelne Nervenzelle. Analog dazu ist das Neuron in einem neuronalen Netzwerk das kleinste Element, in dem das Wissen zur Lösung einer Problemstellung oder Aufgabe abgelegt wird.
Zwischen den einzelnen Neuronen bzw. Knoten eines Netzes werden dann Verbindungen hergestellt.
Im menschlichen Körper wird eine Nervenzelle durch äußere Reize dazu veranlasst zu reagieren. Die Inputgrößen (x) sind mit den äußeren Reizen gleichzusetzen und die Gewichte (w) entsprechen den Synapsen im menschlichen Nervensystem. In einem neuronalen Netzwerk wird von einem Neuron eine Reihe von Inputgrößen zu einem Output verarbeitet.
Diese Inputs interagieren mit einer bestimmten Intensität mit dem einzelnen Neuron. Die Stärke der Intensität wird von Gewichten repräsentiert. Die Inputgrößen werden mit den Gewichten multipliziert. Die einzelnen Ergebnisse werden miteinander addiert und die sich ergebende Summe entspricht dem Output.

---

[11] Tapp, A .(2001): Principles of Direct and Database Marketing, S.73
[12] vgl. Hippner, H. / Küsters, U. / Meyer, M. / Wilde, K. (2001): Handbuch Data Mining im Marketing, S.213

Abb.3: Einzelnes Neuron

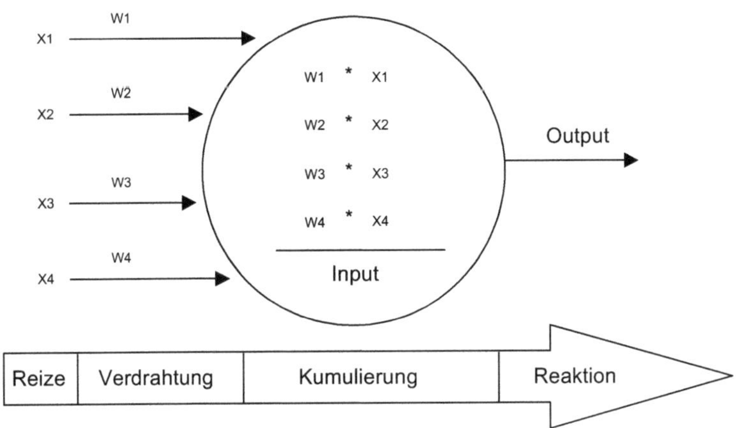

Quelle: Krahl, D. / Windheuser, U. / Friedrich, K.-F. (1998): Data Mining, S.64

In Analogie zur Biologie, lassen sich die einzelnen Neuronen zu einem neuronalen Netz verbinden.

„Die Verknüpfung der Neuronen untereinander mit Input sowie Output erzeugt insgesamt ein neuronales Netz.“[13]

Die Topologie bezeichnet dabei die verschiedenen Möglichkeiten die Neuronen anzuordnen.

Bei der sehr populären Methode der so genannten Feed-Forward-Netze werden die Neuronen in einzelnen Schichten angeordnet. Die Methode hat ihren Namen von der Tatsache, dass die Verknüpfung der Neuronen nur in eine Richtung, von der Inputschicht zur Outputschicht, erlaubt ist.

Neuronale Netze ermöglichen das Lernen durch die gezielte Auswertung des Fehlers im Output. Anhand dieser Erkenntnis werden die Netzparameter im positiven Sinne so verändert, dass der Outputfehler beim nächsten Schritt minimiert wird.

[13] vgl. Krahl, D. / Windheuser, U. / Zick, F.-K. (1998): Data Mining, S.66

Abb. 4: Aufbau eines neuronalen Netzes

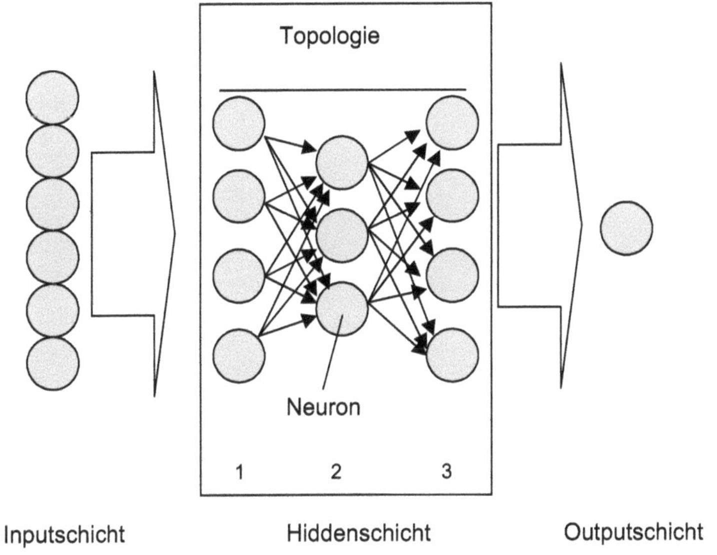

Quelle: Krahl, D. / Windheuser, U. / Friedrich, K.-F. (1998): Data Mining, S.66

3.1. Das Entscheidungsbaumverfahren

„Im Sinne des maschinellen Lernens sind Entscheidungsbäume eine spezielle Darstellungsform von Entscheidungsregeln. In jedem Knoten eines Entscheidungsbaumes wird ein Attribut abgefragt und eine Entscheidung getroffen, solange, bis man ein Blatt erreicht. Ein Blatt ist ein Knoten, an dem keine weitere Verzweigung durchgeführt wird, hier kann die Klassifikation abgelesen werden."[14]

In der Literatur wird für den Begriff des Entscheidungsbaumes auch gelegentlich der Begriff Klassifikationsbaum verwendet.

---

[14] vgl. Krahl, D. / Windheuser, U. / Zick, F.-K. (1998): Data Mining, S.69

Das so genannte Top-Down-Prinzip ist in den meisten Fällen das verwendete Prinzip zur Erstellung eines Entscheidungsbaumes. Dabei lässt sich das Vorgehen in mehrere Schritte unterteilen, wobei bei jedem Schritt das Attribut gesucht und anschließend verwendet wird, dass alleine die Klassifikation auf den betrachteten Daten am treffendsten darstellt. Anhand dieses Attributs werden dann die Daten in Untermengen aufgeteilt und diese dann unabhängig voneinander betrachtet.[15]

Entscheidend für die Erstellung eines Baumes ist das Verfahren nach dem die einzelnen Attribute ausgewählt werden.
„Häufig implementierte Baumtypen sind so genannte CARTs (Classification And Regression Trees) und CHAIDs (Chi-square Automatic Interaction Detectors)."[16]
Bei dem CART-Verfahren wird für jedes Attribut ein so genannter Schwellwert gesucht, der es erlaubt die Daten in einer optimalen Art und Weise im Bezug auf die Klassifikation zu trennen.
Die CART-Verfahren sind dadurch gekennzeichnet, dass durch die Teilung der Attribute durch einen festen Schwellenwert nur so genannte Binärbäume erzeugt werden können. Der Name der Binärbäume ergibt sich aus der Tatsache, dass an jeder Verzweigung des Baumes genau zwei Äste vorhanden sind.

Kann mit einer hohen Trefferquote eine Klassifikation durchgeführt werden, lässt dies den Rückschluss zu, dass der Informationsgehalt dieses verwendeten Attributes sehr hoch ist.

Attribute deren Informationsgehalt im Bezug auf die Zielgröße sehr groß ist, finden sich im Entscheidungsbaum weiter oben wieder als Attribute bei denen dies nicht der Fall ist.
Die Vorgehensweise bei diesem Verfahren soll nun an einem Beispiel verdeutlicht werden.

---

[15] vgl. Krahl, D. / Windheuser, U. / Zick, F.-K. (1998): Data Mining, S.69
[16] vgl. Krahl, D. / Windheuser, U. / Zick, F.-K. (1998): Data Mining, S.69

Abb.5: Beispiel für einen Entscheidungsbaum

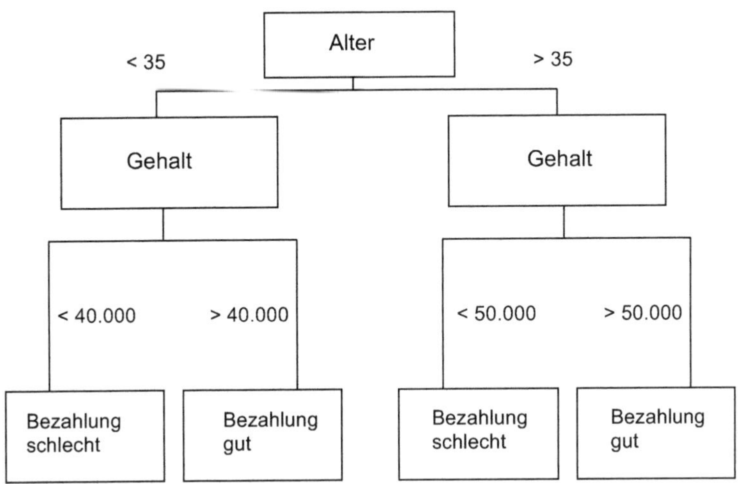

Quelle: Krahl, D. / Windheuser, U. / Friedrich, K.-F. (1998): Data Mining, S.70

„Es wird die Klassifikation der Attribute Alter und Gehalt der Klassifikation gutes bzw. schlechtes Gehalt…gegenübergestellt.“[17]

---

[17] vgl. Krahl, D. / Windheuser, U. / Zick, F.-K. (1998): Data Mining, S.70

Abb.6: Klassifikationsgüte der Attribute Alter und Gehalt

Klassifikation	Alter < 35	Alter > 35	Gehalt < 45 TSD	Gehalt > 45 TSD	Summe
gut	350	200	300	250	550
schlecht	700	150	500	350	850
Summe	1050	350	800	600	1400

Quelle: Krahl, D. / Windheuser, U. / Zick, F.-K. (1998): Data Mining, S.71

Aus dieser Tabelle lässt sich ablesen, das sich die Betrachtung des Alters mit einem Schwellwert von 35 zu einer höheren Treffergenauigkeit führt als die Betrachtung des Gehaltes mit einem Schwellwert von 45.000.[18]
In diesem Beispiel kann klar das Attribut Alter als das beste für die Klassifikation diagnostiziert werden.
Der erste Schritt bei diesem Entscheidungsbaumverfahren war die Unterteilung der Daten in zwei Teilmengen. Die eine Teilmenge beinhaltet alle Personen die jünger als 35 Jahre sind, die andere alle Personen die älter als 35 Jahre sind.
So lange bis alle Daten eindeutig klassifiziert werden können, wird die Betrachtung in beiden Teilmengen wiederholt.
Durch einen zweiten Schritt gelangt man zur abschließenden Einstufung der Daten.

Die Regeln die sich in den einzelnen Entscheidungsbäumen verstecken, lassen sich am Besten durch den Begriff des Pfads beschreiben. Unter einem Pfad versteht man hier einen direkten Weg von der Wurzel des Entscheidungsbaumes zu einem beliebigen Blatt.

4. Interpretation der Ergebnisse

Dem letzten Schritt des Data-Mining-Prozesses kommt eine besondere Bedeutung zu.

[18] vgl. Krahl, D. / Windheuser, U. / Zick, F.-K. (1998): Data Mining, S.70 ff.

Wie bereits weiter oben erwähnt handelt es sich bei dem Data-Mining-Verfahren um ein Projekt. Den Abschluss eines jeden Projektes muss zwingend die Erfolgskontrolle bzw. die Interpretation der generierten Ergebnisse bilden.
In diesem Schritt werden die extrahierten Informationen Bezug nehmend auf die ursprüngliche Zielsetzung analysiert.
Die Informationen mit dem größten Wert für das Unternehmen werden den Entscheidungsträgern zur Verfügung gestellt. Dies kann unter anderem über ein so genanntes MIS-System (Management Information System) erfolgen. Sind die gewonnenen Ergebnisse sinnvoll bzw. schließen sie noch offene Informationslücken, so war die Anwendung des Data-Mining-Prozesses erfolgreich.
Sind die interpretierten Ergebnisse nicht zufrieden stellend, ist es sinnvoll die Data-Mining-Stufe zu wiederholen bzw. vorangegangene Prozessschritte zu verändern. Dies kann durch eine geeignete Variation von Attributen erfolgen. Gegebenenfalls muss bereits in der Stufe der Datenauswahl angesetzt werden und es müssen andere oder zusätzliche Daten in den Prozess integriert werden.

4.1 Probleme und Kritik

Wie am Anfang dieses Kapitels erwähnt, ist das idealisierte Ziel des Data Mining ein vollkommen autonom arbeitendes System. Dies ist bis zum jetzigen Zeitpunkt noch nicht realisierbar.
Die durch das Verfahren des Data Mining gewonnenen Daten müssen dem Aspekt der Verständlichkeit genügen. Die extrahierten Daten müssen dem Anwender in einer gut verständlichen Form vorliegen, die es ihm ermöglichen diese auch gezielt und direkt umzusetzen und in den operativen und strategischen Entscheidungsprozess mit einzubeziehen.
Es muss somit verhindert werden das sich der Anwender endlosen Zahlenkolonnen gegenüber sieht, die keine Interpretation zulassen.
Das System muss Resultate liefern die für den Anwender interessant

sind. Triviale Ergebnisse, die auch über die Verfahren der klassischen Statistik oder über eine einfache Datenbankabfrage zu generieren wären sind nicht wünschenswert.

Die Effizienz des Systems geht oft zu Lasten der benötigten Rechenleistung verloren, die bei Data-Mining-Algorithmen unverhältnismäßig hoch sein kann.

Auch die Datenschutzaspekte sind in diesem Zusammenhang zu berücksichtigen. Die EU-Richtlinie von 1995 zum Schutz natürlicher Personen bei der Verarbeitung personenbezogener Daten nimmt Bezug auf die Bearbeitung von sensiblen Daten. Unter den Begriff der sensiblen Daten fallen alle Informationen aus denen sich die rassische und ethnische Herkunft, die politische Meinung und die religiöse oder philosophische Überzeugung ablesen lässt.

Das bedeutet dass alle personenbezogenen Daten nur dann verwendet werden dürfen, wenn die Zustimmung der zu untersuchenden Person vorliegt.

Diese Zustimmung muss speziell für einen bestimmten Zweck erfolgen.

Problematisch ist hier die Tatsache, dass Data-Mining-Verfahren eingesetzt werden um noch nicht bekannte Zusammenhänge zu analysieren.

Da der Zweck der Nutzung der Daten somit im Vorfeld nicht bekannt ist, ist die Verwendung von solchen Daten grundsätzlich rechtswidrig.

Aus diesem Grund ist das Verfahren des Data Mining nicht immer in einem positiven Licht dargestellt worden. Trotzdem stellt das Verfahren einen inzwischen unverzichtbaren Bestandteil des Database Marketings dar.

5. Zusammenfassung und Ausblick

Die Situation an den Absatzmärkten unterlag in den letzten Jahrzehnten einem stetigen Wandel. Aufgrund der Sättigung vieler Marktbereiche kam es zu einer Verschärfung des allgemeinen Wettbewerbs unter den Unternehmen. Auch das bisherige Kundenbild muss revidiert und unter neuen Gesichtspunkten betrachtet werden.
Kunden sind heute weitaus anspruchsvoller als früher und erwarten von einem modernen Unternehmen nicht alleine das Bereitstellen eines Produktes oder einer Dienstleistung sondern streben nach Individualität, Sicherheit und Status.

Somit lässt sich in den letzten Jahren ein starker Trend weg vom Massenmarketing hin zum Individualmarketing beobachten. Hierbei sollen Kunden nach Möglichkeit ein Leben lang ein Unternehmen gebunden werden. Eine äußerst wichtige Säule im Individualmarketing stellt die kundenspezifische Werbung dar. Dabei wird die Werbung nicht mehr auf die breite Masse zugeschnitten, sondern wird auf den einzelnen Kunden individuell ausgerichtet. Hierdurch lässt sich ganz klar die Notwendigkeit zur Analyse von Kundenspezifischen Daten und Informationen erkennen. Die individuell zugeschnittene Werbung die auf modernen Informationssystemen basiert wird als Data Base Marketing bezeichnet.
In den meisten Unternehmen liegen Daten und Informationen über Kunden in riesigen Mengen vor, jedoch ist eine Nutzung dieser durch eine oftmals fehlende Aufbereitung und Komprimierung nicht möglich
Daneben ist der überproportional zunehmende Umfang an Daten in den Unternehmen ein weiteres Hemmnis um sich Kundendaten zu Nutze zu machen.
Die früher oftmals verwendeten Verfahren der klassischen Statistik stoßen hier in zunehmendem Maße an ihre Grenzen.
Es bedarf neuer Verfahren, die es ermöglichen die komplexen Datenvolumina zu ordnen, zu klassifizieren, zu komprimieren und die gewünschten Informationen bereitzustellen.

Viele Unternehmen haben diesen überlebensnotwendigen Trend erkannt und investieren große Summen in den Aufbau und Ausbau ihrer Informationssysteme.
Eine besondere Bedeutung kommt hierbei der so genannten Datenbank zu die den Kern eines jeden guten Informationssystems bildet. In ihr liegen sämtliche Daten über die Kunden eines Unternehmens vor.
Nun besteht die Herausforderung darin, die vorhandenen Daten für sich nutzbar zu machen.
Einen Ansatz, der sich in den letzten Jahren durchsetzten konnte stellt hierbei das so genannte Data Mining dar. Durch dieses Verfahren ist es gelungen die vorhandenen Daten einer Datenbank so zu selektieren, dass sich daraus strategische bedeutende Erfahrungswerte ableiten lassen.
Das daraus gezogenen Wissen ist für heutige Unternehmen ein unbezahlbarer Erfolgsfaktor geworden.

Als ein Ausblick in die Zukunft bleibt festzuhalten, das der Trend zum Individual Marketing sich immer mehr ausbreitet und auf lang oder kurz in nahezu allen Geschäftsbereichen anzutreffen sein wird.
Unternehmen die diesen Trend erkennen und in ihr Informationssystem investieren erlangen durch den so möglich werdenden gezielten Einsatz von Kundendaten einen Wissensvorsprung. Dieser Wettbewerbsvorteil kann von Konkurrenten nicht mehr komprimiert werden.
Auf lang oder kurz wird so eine Selektion am Markt stattfinden nach dessen Ende sich die moderneren computergestützen, an die klassische Statistik anlehnenden, Auswertungsverfahren als neuer Standard etabliert haben werden.

Trotzdem darf man nicht außer Acht lassen, dass es das vollkommen autonom arbeitende System in absehbarer Zeit nicht geben wird.
Somit bleibt als ein weiterer wichtiger Erfolgsfaktor der Anwender bestehen, der mit seinem Wissen und seiner Erfahrung die richtigen Schlüsse aus den Ergebnissen ziehen muss.

Unternehmen, die in die Zukunft investieren wollen und müssen, sollten also neben der informationstechnologischen Ebene auch die Ebene des Anwenders nicht vernachlässigen.
Die Aus- und Weiterbildung der vorhandenen personellen Ressourcen und die Gewinnung neuer Wissensträger sind somit ebenfalls notwendig.

Nur durch das Beachten der in dieser Arbeit angesprochenen Punkte wird es einem Unternehmen möglich sein, den Unternehmensbestand langfristig zu sichern und das Unternehmen erfolgreich in die Zukunft zu führen.

Literaturverzeichnis

Hippner, Hajo / Küsters, Ulrich / Meyer, Matthias / Wilde, Klaus (2001): Handbuch Data Mining im Marketing – Knowledge Discovery in Marketing Databases; Vieweg Verlagsgesellschaft; ISBN-13: 978-3528057138

Kemper, Alfons / Eickler, Andre'(2011): Datenbanksysteme – eine Einführung; Oldenbourg Wissenschaftsverlag; ISBN-13: 978-3486598346

Krahl, Daniela / Windheuser, Ulrich / Zick, Friedrich-Karl (1998): Data Mining: Einsatz in der Praxis; Addison Wesley Verlag; ISBN-13: 978-3827313492

Link, Jörg / Brändli, Dieter / Schleuning, Christian/ Kehl, Roger E.(1999): Handbuch Database Marketing; IM Fachverlag; ISBN-13: 978-3930047215

Saake, Gunter / Sattler, Kai-Uwe / Heuer, Andreas (2011): Datenbanken – Implementierungstechniken; Verlag: mitp.; ISBN-13: 978-3826691560

Tapp, Alan (2009): Principles of Direct and Database Marketing; Financial Times Prentice Hall Verlag; ASIN: B009NNQ8QA